AF332187

BARÈME

pour le cas de "DEUX PLACÉS" à l'unité de 5 francs

indépendant du prélèvement fixé par le Ministère.

Manière de procéder pour trouver les Rapports des chevaux placés.

$M \times r$
: 1° Multiplier le nombre total des mises sur "placés" de l'enceinte par le rapport existant entre la somme à répartir et la recette.

(Dans le cas du prélèvement de 7 $\frac{1}{2}$ %, ce rapport est égal à $\frac{92,5}{100}$ ou 0,925 ;

dans le cas du prélèvement de 8 %, ce rapport est égal à $\frac{92}{100}$ ou 0,92).

$(M \times r) - m$
: 2° Du produit ainsi obtenu, retrancher le nombre total des mises prises sur les deux chevaux « placés » ;

$\dfrac{(M \times r) - m}{n_x}$
: 3° Diviser le reste de cette soustraction successivement par les nombres de mises correspondant à chacun des deux chevaux "placés" ;

4° Chercher dans le présent barème la place qu'occuperait dans la colonne rouge chacun des quotients ainsi obtenus : en regard de l'intervalle, dans la colonne noire, se trouve exprimée en francs la valeur du rapport du cheval correspondant, c'est-à-dire la somme à payer par mise sur ce cheval.

— 33 —

Exemple du cas ordinaire.

Données de la 2ᵉ course du 24 mai 1903 à Chantilly (Prélèvement de 7 $\frac{1}{2}$ $^0/_0$; $r = 0,925$):
M, le total général des mises sur « Placés ». . . . . $= 6139$.

Arrivée: cheval 2, premier placé; cheval 1, deuxième placé.

n_2, le total des mises sur le cheval nᵒ 2 placé $= 996$ ⎱
n_1,   — — — nᵒ 1 placé $= 2656$ ⎰ $m = 3652$.

La répartition a donné : 10 francs par mise du cheval 2;
        7 francs   —   cheval 1.

Faisons le calcul par la méthode du barème.

1ʳᵉ opération : $6139 \times 0,925 = 5678,575$;

2ᵉ — $5678,575 - 3652 = 2026,575$;

3ᵉ — ⎱ $2026,575 : 996 = 2,0$ et un reste :
     ⎰ $2026,575 : 2656 = 0,7$ et un reste.

4ᵉ — Cherchons dans les colonnes rouges du présent barème :
     $2,0$ est compris entre $1,9$ et $2,1$ et correspond à 10 fr. à payer pour le cheval 2;
     $0,7$ et un reste est compris entre $0,7$ et $0,9$ et donne 7 fr. à payer pour le cheval 1.

Résultats identiques à ceux fournis par le calcul ordinaire.

Exemple de Dead-Heat.

Si, dans l'exemple précédent, il y avait eu *dead-heat* pour la seconde place, par exemple, entre les chevaux nᵒˢ 1 et 6, on aurait tenu compte, dans le total **m**, des mises de ce cheval 6.

(Supposons qu'il y ait eu 105 mises sur le cheval 6 placé.)

On aurait eu :

$$\mathbf{m} = 996 + 2656 + 105 = 3757.$$

La 2ᵉ opération aurait été 5678,575 — 3757 = 1921,575.

Les quotients de la 3ᵉ opération auraient été :

Pour le cheval 2 premier placé. . 1921,575 : 996 = **1,9** et un reste;

Et pour les 2 chevaux en *dead-heat* pour la deuxième place :

Cheval n° 1 . . . . $\dfrac{1921,575}{2}$: 2656 = **0.3** et un reste :

Cheval n° 6 . . . . $\dfrac{1921,575}{2}$: 105 = **9.1** et un reste.

Cherchant ces quotients au présent barème, on aurait trouvé :

10 francs à payer par mise du cheval 2;

6 » — — 1;

et 28 » — — 6.

5 FRS DEUX Placés

Index	FR. C.	Index	FR. C.	Index	FR. C.	Index	FR. C.
	5 »		15 »		25 »		35 »
0,1	5.50	4,1	15.50	8,1	25.50	12,1	35.50
3	6 »	3	16 »	3	26 »	3	36 »
5	6.50	5	16.50	5	26.50	5	36.50
7	7 »	7	17 »	7	27 »	7	37 »
9	7.50	9	17.50	9	27.50	9	37.50
1,1	8 »	5,1	18 »	9,1	28 »	13,1	38 »
3	8.50	3	18.50	3	28.50	3	38.50
5	9 »	5	19 »	5	29 »	5	39 »
7	9.50	7	19.50	7	29.50	7	39.50
9	10 »	9	20 »	9	30 »	9	40 »
2,1	10.50	6,1	20.50	10,1	30.50	14,1	40.50
3	11 »	3	21 »	3	31 »	3	41 »
5	11.50	5	21.50	5	31.50	5	41.50
7	12 »	7	22 »	7	32 »	7	42 »
9	12.50	9	22.50	9	32.50	9	42.50
3,1	13 »	7,1	23 »	11,1	33 »	15,1	43 »
3	13.50	3	23.50	3	33.50	3	43.50
5	14 »	5	24 »	5	34 »	5	44 »
7	14.50	7	24.50	7	34.50	7	44.50
9	15 »	9	25 »	9	35 »	9	45 »

5 F^{RS} DEUX Placés

	FR. C.		FR. C.		FR. C.		FR. C.
16,1	45 »	**20,1**	55 »	**24,1**	65 »	**28,1**	75 »
3	45.50	3	55.50	3	65.50	3	75.50
5	46 »	5	56 »	5	66 »	5	76 »
7	46.50	7	56.50	7	66.50	7	76.50
9	47 »	9	57 »	9	67 »	9	77 »
17,1	47.50	**21,1**	57.50	**25,1**	67.50	**29,1**	77.50
3	48 »	3	58 »	3	68 »	3	78 »
5	48.50	5	58.50	5	68.50	5	78.50
7	49 »	7	59 »	7	69 »	7	79 »
9	49.50	9	59.50	9	69.50	9	79.50
18,1	50 »	**22,1**	60 »	**26,1**	70 »	**30,1**	80 »
3	50.50	3	60.50	3	70.50	3	80.50
5	51 »	5	61 »	5	71 »	5	81 »
7	51.50	7	61.50	7	71.50	7	81.50
9	52 »	9	62 »	9	72 »	9	82 »
19,1	52.50	**23,1**	62.50	**27,1**	72.50	**31,1**	82.50
3	53 »	3	63 »	3	73 »	3	83 »
5	53.50	5	63.50	5	73.50	5	83.50
7	54 »	7	64 »	7	74 »	7	84 »
9	54.50	9	64.50	9	74.50	9	84.50
	55 »		65 »		75 »		85 »

5 F^{RS} DEUX Placés

	FR. C.		FR. C.		FR. C.		FR. C.
32,1	85 »	**36,1**	95 »	**40,1**	105 »	**44,1**	115 »
	85.50		95.50		105.50		115.50
3	86 »	3	96 »	3	106 »	3	116 »
5	86.50	5	96.50	5	106.50	5	116.50
7	87 »	7	97 »	7	107 »	7	117 »
9	87.50	9	97.50	9	107.50	9	117.50
33,1	88 »	**37,1**	98 »	**41,1**	108 »	**45,1**	118 »
3	88.50	3	98.50	3	108.50	3	118.50
5	89 »	5	99 »	5	109 »	5	119 »
7	89.50	7	99.50	7	109.50	7	119.50
9	90 »	9	100 »	9	110 »	9	120 »
34,1	90.50	**38,1**	100.50	**42,1**	110.50	**46,1**	120.50
3	91 »	3	101 »	3	111 »	3	121 »
5	91.50	5	101.50	5	111.50	5	121.50
7	92 »	7	102 »	7	112 »	7	122 »
9	92.50	9	102.50	9	112.50	9	122.50
35,1	93 »	**39,1**	103 »	**43,1**	113 »	**47,1**	123 »
3	93.50	3	103.50	3	113.50	3	123.50
5	94 »	5	104 »	5	114 »	5	124 »
7	94.50	7	104.50	7	114.50	7	124.50
9	95 »	9	105 »	9	115 »	9	125 »

5 F^RS DEUX Placés

	FR. C.		FR. C.		FR. C.		FR. C.
	125 »		135 »		145 »		155 »
48,1	125.50	**52,1**	135.50	**56,1**	145.50	**60,1**	155.50
3	126 »	3	136 »	3	146 »	3	156 »
5	126.50	5	136.50	5	146.50	5	156.50
7	127 »	7	137 »	7	147 »	7	157 »
9	127.50	9	137.50	9	147.50	9	157.50
49,1	128 »	**53,1**	138 »	**57,1**	148 »	**61,1**	158 »
3	128.50	3	138.50	3	148.50	3	158.50
5	129 »	5	139 »	5	149 »	5	159 »
7	129.50	7	139.50	7	149.50	7	159.50
9	130 »	9	140 »	9	150 »	9	160 »
50,1	130.50	**54,1**	140.50	**58,1**	150.50	**62,1**	160.50
3	131 »	3	141 »	3	151 »	3	161 »
5	131.50	5	141.50	5	151.50	5	161.50
7	132 »	7	142 »	7	152 »	7	162 »
9	132.50	9	142.50	9	152.50	9	162.50
51,1	133 »	**55,1**	143 »	**59,1**	153 »	**63,1**	163 »
3	133.50	3	143.50	3	153.50	3	163.50
5	134 »	5	144 »	5	154 »	5	164 »
7	134.50	7	144.50	7	154.50	7	164.50
9	135 »	9	145 »	9	155 »	9	165 »

5 F^{rs} DEUX Placés

	FR. C.		FR. C.		FR. C.		FR. C.
64,1	165 »	**68,1**	175 »	**72,1**	185 »	**76,1**	195 »
3	165.50	3	175.50	3	185.50	3	195 50
5	166 »	5	176 »	5	186 »	5	196 »
7	166.50	7	176.50	7	186.50	7	196 50
9	167 »	9	177 »	9	187 »	9	197 »
65,1	167.50	**69,1**	177.50	**73,1**	187 50	**77,1**	197.50
3	168 »	3	178 »	3	188 »	3	198 »
5	168.50	5	178.50	5	188.50	5	198.50
7	169 »	7	179 »	7	189 »	7	199 »
9	169.50	9	179.50	9	189.50	9	199.50
66,1	170 »	**70,1**	180 »	**74,1**	190 »	**78,1**	200 »
3	170.50	3	180.50	3	190.50	3	200.50
5	171 »	5	181 »	5	191 »	5	201 »
7	171.50	7	181.50	7	191.50	7	201.50
9	172 »	9	182 »	9	192 »	9	202 »
67,1	172.50	**71,1**	182.50	**75,1**	192.50	**79,1**	202.50
3	173 »	3	183 »	3	193 »	3	203 »
5	173.50	5	183.50	5	193 50	5	203.50
7	174 »	7	184 »	7	194 »	7	204 »
9	174.50	9	184.50	9	194.50	9	204.50
	175 »		185 »		195 »		205 »

5 F^{RS} DEUX Placés

	FR. C.
80,1	205 »
	205.50
3	206 »
5	206.50
7	207 »
9	207.50
81,1	208 »
3	208.50
5	209 »
7	209.50
9	210 »
82,1	210.50
3	211 »
5	211.50
7	212 »
9	212.50
83,1	213 »
3	213.50
5	214 »
7	214.50
9	215 »

Moyen de trouver le Résultat

lorsque le quotient à chercher

dans le **Barème "5^{fr} Deux Placés"** est supérieur à **83,90**.

RÈGLE :

On divise par la constante **0,40** la différence entre le nombre considéré et **83,90** ; en négligeant dans le quotient de cette division la fraction de 50 centièmes, on obtient en francs la somme à ajouter à **215** francs pour avoir le résultat cherché.

Exemple :

Soit **124,72** le quotient auquel ont donné lieu les calculs effectués de la formule $\dfrac{(M \times r) - m}{n,}$

1re opération : **124.72** — **83,90** ... 40,82 ;

2e — 40,82 : **0,40** ... 102,05 soit 102 en négligeant la fraction de 50 centièmes ;

3e — **215** francs + 102 francs = 317 francs.

Le rapport cherché est 317 francs.

Nota. — Dans le cas de 102 *exactement et sans reste*, on compterait 101 fr. 50.

Dans le cas de 102,50 *exactement et sans reste*, on compterait 102 francs.

30 Aout 33

Imprimerie G. RICHARD, 7, Rue Cadet, Paris